白鹤展翅

白鹤滩水电站工程影纪

（地上工程篇）

欧阳卫红 摄

中国三峡出版传媒

中国三峡出版社

图书在版编目（CIP）数据

白鹤展翅:白鹤滩水电站工程影纪.1,地上工程篇/
欧阳卫红摄.—北京:中国三峡出版社,2023.7
ISBN 978-7-5206-0268-6

Ⅰ.①白… Ⅱ.①欧… Ⅲ.①金沙江—水力发电站—
水利水电工程—摄影集 Ⅳ.①TV752-64

中国国家版本馆CIP数据核字(2023)第013596号

责任编辑：于军琴

中国三峡出版社出版发行

（北京市通州区粮市街2号院　101199）

电话：（010）59401514　59401529

http://media.ctg.com.cn

北京雅昌艺术印刷有限公司印刷　新华书店经销

2023年7月第1版　2023年7月第1次印刷

开本：889毫米×1194毫米　1/12　印张：36⅔

字数：648千字

ISBN 978-7-5206-0268-6　定价：860.00元（上、下册）

前　言

　　世上无难事，只要肯登攀。在中国特色社会主义新时代，我国水电工作者攻坚克难，勇攀高峰，创造了多个世界第一，在金沙江上建成了世界第二大装机容量的水电工程——白鹤滩水电站。高山悬崖之险峻，金沙水流之湍急，岩层地质之复杂，深切峡谷之酷热，大风穿谷之猖獗，都没有难倒勤劳智慧的中国水电建设者，他们将奔腾不息的金沙江水转换为源源不断的巨大电能，为中华民族的伟大复兴献上了一份厚礼。

　　我有幸经常奔赴白鹤滩水电站施工现场，历经十一年，用镜头记录这个水电工程的建设历程。通过摄影，我不仅见证了宏伟工程的壮观建设场景，更感受到了建设者攀登科技高峰的毅力和吃苦耐劳的奋斗精神。为了让更多人了解和认识这个世界级水电工程，从视觉影像中感受时代变化，我将图片进行整理和甄选，出版了这本反映白鹤滩水电站建设过程的摄影集《白鹤展翅——白鹤滩水电站工程影纪》。这是继三峡水利枢纽工程《圆梦三峡》、乌东德水电站工程《金沙水拍》之后的第三部大型摄影作品集，也是我毕生挚爱巨型水电工程摄影的封镜之作。

　　用简洁的摄影语言讲好白鹤滩水电站建设的中国故事，是贯穿《白鹤展翅——白鹤滩水电站工程影纪》图片选用和文字编撰的主线。本书既要考虑工程技术的特点，也要考虑摄影艺术的基本要求，使之具有史料价值与科普属性，还要有一定的观赏性，让读者能够从中感受到建设者的伟大和祖国的强大。经过不断探索和思考，我选择了与众不同的方式，以水电工程主要结构特征和施工建设进展为线索，以组图的方式展示工程各部位的建设过程和特征，结合简要的文字介绍，尽量让读者了解工程细节。为此，我选择了1500余幅图片收入书中，分为地上工程篇和地下工程篇两册。我希望这本书能够将这座气势磅礴的世界第二大水电站工程建设过程介绍清楚，同时为工程建设者和爱好者提供真实的图片记录。

　　多年来，我在拍摄白鹤滩水电站工程的过程中，得到了中国长江三峡集团有限公司（简称三峡集团）、中国三峡建工（集团）有限公司白鹤滩工程建设部、中国三峡出版传媒有限公司等单位和朋友们的大力支持和帮助，也很荣幸得到白鹤滩工程总指挥汪志林同志的专业审核，我在此表示真诚的谢意。

2023年3月

作 者 简 介

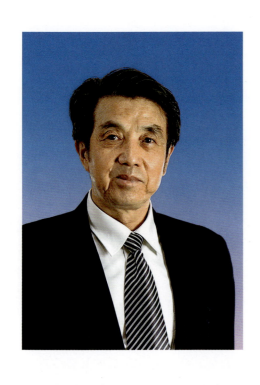

欧阳卫红，湖南省宁乡县人，1956年10月出生，高级会计师、注册会计师、中国摄影家协会会员。先后毕业于湖北省财政学校财政专业、中南财经大学会计专业和武汉大学摄影专业。

欧阳卫红曾从事基层税收、农村财务管理、中央企业财务管理、财政监督等工作。1975年在湖北省洪湖县参加财政税务工作，1984年被调入湖北省武汉市江汉区财政局，1987年12月被调入财政部派驻湖北财政监管机构，先后任财政部湖北监管局（原专员办）副处长、处长、副巡视员。在财政、会计、审计、税务、基本建设和企业财务等经济专业方面颇有研究，发表和出版了数十篇（本）论文和著作，曾被华中科技大学等多所高校聘为兼职教授。

欧阳卫红于1976年开始学习摄影，2001年加入湖北省摄影家协会，同年被推选为湖北省摄影家协会理事，2003年12月加入中国摄影家协会，是湖北省摄影家协会第七届和第八届主席团副秘书长。

坚持十多年拍摄长江三峡水电工程建设，创作了大型纪实摄影作品《圆梦三峡》，作品曾在中国的湖北美术馆和中国美术馆以及塞尔维亚、法国、葡萄牙、挪威等欧洲国家展出。2008年12月19日—2009年1月11日，湖北美术馆（原湖北省艺术馆）、湖北省摄影家协会、中国长江三峡工程开发总公司联合举办了《圆梦三峡——欧阳卫红摄影作品展》，湖北美术馆收藏了展出的全部摄影作品。2009年11月，塞中友好协会、塞尔维亚摄影家协会、湖北美术馆在塞尔维亚联合举办了欧阳卫红《圆梦三峡》摄影作品展。之后两年，中塞文化交流协会分别在塞尔维亚贝尔格莱德、尼什、鲁马等城市举办了《圆梦三峡》摄影作品展。2010年3月5日—19日，中国美术馆和湖北美术馆在北京中国美术馆联合举办了《圆梦三峡——欧阳卫红摄影作品展》。2011年5月19日—6月15日，巴黎中国文化中心和湖北美术馆在法国巴黎联合举办了《圆梦三峡——欧阳卫红三峡工程建设摄影作品展》。2017年7月—9月，三峡工程建设摄影作品在葡萄牙举办的中葡合作与文化交流成果展中专题展出。

2009年9月，人民美术出版社出版了大型画册《圆梦三峡——欧阳卫红摄影作品集》。2011年，中国摄影家协会将其三峡工程摄影作品编入《影像见证历史 影像和谐生活——人大代表政协委员摄影作品集·2011》。

从2012年开始，欧阳卫红跟踪拍摄了世界级特大型水电工程——乌东德水电站和白鹤滩水电站的建设过程。

白鹤滩水电站简介

　　白鹤滩水电站是世界第二大水电站，位于云南省巧家县与四川省宁南县交界的金沙江河段，是金沙江下游梯级开发的第二个梯级水电站，具有以发电为主，兼有防洪、拦沙、航运、促进当地经济社会发展等作用。白鹤滩水电站是国家能源战略布局"西电东送"的骨干电源点，与乌东德、溪洛渡、向家坝水电站以及此前建成的三峡、葛洲坝水电站共同构成世界上最大的"清洁能源走廊"。

　　白鹤滩水电站的坝址控制流域面积 430 308km²，占金沙江以上流域面积的 91%。水电站正常蓄水位 825m 高程，水库总库容 206.27 亿 m³，调节库容 104.36 亿 m³，防洪库容 75 亿 m³。水库正常蓄水位与乌东德水电站尾水位（805.5m）重叠 14.5m，是金沙江河段水头重叠最大的水库。

　　白鹤滩水电站工程为 I 等大（1）型工程。其枢纽由拦河坝、泄洪消能设施、引水发电系统等主要建筑物组成。大坝是水电站枢纽工程的核心建筑物，承担拦水与泄洪的重要任务。拦河坝为混凝土双曲拱坝，坝身结构复杂，拱坝最大坝高 289m，坝顶高程 834m，坝顶弧长 709m，最大底宽 72m，顶宽 14m。大坝由 6 个导流底孔、7 个泄洪深孔和 6 个泄洪表孔、坝后水垫塘组成。引水隧洞采用的是单机单洞竖井式布置形式，尾水系统采用的是两机共用一条尾水隧洞的布置形式，左、右岸各布置 4 条尾水隧洞。其中，左岸结合 3 条、右岸结合 2 条导流洞布置，左岸有 3 条无压泄洪直洞。大坝承受总水推力达 1650 万 t。

　　白鹤滩水电站全部采用国产 100 万 kW 级水轮发电机组，开创了世界水电 100 万 kW 级水轮发电机组的新纪元。水电站地下厂房呈对称状布置在左、右两岸山体内，地下厂房长 438m、宽 34m、高 88.7m，为世界最大的地下厂房。地下厂房内各安装 8 台单机容量为 100 万 kW 的世界最大水轮发电机组，左岸 8 台由中国东方电气集团自主研发制造，右岸 8 台由哈尔滨电气集团自主研发制造。电力永久外送分别采用两回 800kV 特高压直流输电直送江苏省和浙江省。白鹤滩水电站明显改善了下游各梯级水电站的电能质量，有效地提高了下游溪洛渡、向家坝、三峡、葛洲坝等梯级水电站的年发电量。白鹤滩水电站节能减排效益显著，每年节约标准煤约 1968 万 t，减少二氧化碳排放量 5160 万 t、二氧化硫排放量 17 万 t、氮氧化物排放量约 15 万 t，减少烟尘年排放量约 22 万 t，对促进全国能源结构的优化调整和节能减排具有重要作用。

　　白鹤滩水电站从规划到建成历经半个多世纪。1958 年，国家计划在白鹤滩兴建特大型水电站。1959 年 6 月，捷克斯洛伐克专家组和国内专家组到巧家县做现场勘查，为白鹤滩水电站选址。同年 11 月，昆明水电设计院勘测队进驻白鹤滩做地质勘测，开展前期工作。1965 年，白鹤滩水电站工程列入国家国民经济和社会发展第三个五年计划。1992 年，华东勘测设计研究院有限公司（简称华东院）开始勘测设计。2002 年，国家计划委员会正式批准了金沙江下游水电开发建设规划，白鹤滩水电站开始预可行性研究设计。2006 年 9 月，白鹤滩水电站预可行性研究报告通过审查。2010 年 10 月 27 日，国家发展和改革委员会办公厅下发《关于同意金沙江乌东德和白鹤滩水电站开展前期工作的复函》（发改办能源【2010】2621 号），白鹤滩水电站正式启动前期筹建工作。2015 年 11 月，环境保护部批复了《金沙江白鹤滩水电站环境影响报告书》。2016 年 6 月，华东院编制完成了《金沙江白鹤滩水电站可行性研究报告（枢纽部分）（送审稿）》。2017 年 8 月 3 日，白鹤滩水电站主体工程开工建设，成为中国乃至世界水电史上具有里程碑意义的重大工程。

白鹤滩水电站建设规模之大、难度之高、影响之深远，位居世界水电工程前列，也是智能建造涉及范围最广、研究程度最深、应用成效最显著，代表世界水电最高水平的创新工程和智能工程。三峡集团在溪洛渡工程"智能大坝"先进建设理念的基础上，提出了"智能建造"的理念。通过实施"智能建造"，攻克了复杂地质条件下全坝采用低热混凝土浇筑施工、高地应力条件下超大规模地下洞室群开挖支护、千米高边坡地质稳定与施工安全、百万千瓦级水电机组制造安装等一系列世界级难题。白鹤滩水电站建成"无缝大坝"的工程智能建造新技术应用成果标志着我国已全面突破水电工程大体积混凝土温控防裂技术，攻克了"无坝不裂"的世界级难题。

白鹤滩水电站工程总工期 144 个月。在大坝坝肩开挖过程中，实现了 700m 高陡边坡上"雕刻"的技术，创造了单月最大下挖 30m，全年下挖 300m 的世界纪录。由 7 台颜色各异的缆机组成的世界最大缆索式起重机群承担着大坝主体的浇筑工作。2017 年 4 月 12 日开始浇筑混凝土，坝体共浇筑 2253 仓，约 810 万 m³ 混凝土。在大坝浇筑的 4 年多时间里，连续 3 年浇筑量在 200 万 m³ 以上，创造了年浇筑量 270 万 m³、月浇筑量 27.3 万 m³、百日过深孔等同类工程的世界纪录。2021 年 5 月 31 日，大坝全线浇筑到顶，大坝各项技术指标均满足设计高质量要求，这标志着我国 300m 级特高拱坝建造技术实现了世界领先水平。

白鹤滩水电站工程创造了位居世界第一的 6 项技术指标：水轮发电机单机容量 100 万 kW 居世界第一，圆筒式尾水调压室规模居世界第一，地下洞室群规模居世界第一，300m 级高拱坝抗震参数居世界第一，全坝使用低热水泥混凝土居世界第一，无压泄洪洞群规模居世界第一。

2021 年 6 月 28 日，白鹤滩水电站首批机组（14 号、1 号）安全准点投产发电。中共中央总书记、国家主席、中央军委主席习近平发来贺信，表示热烈的祝贺。中共中央政治局常委、国务院副总理韩正在北京主会场出席仪式，并宣布白鹤滩水电站首批机组正式投产发电。

2022 年 12 月，白鹤滩水电站全部机组投产发电，标志着白鹤滩水电站全面建成。

白鹤滩水电站工程

水电站主要特性指标均位居世界水电工程前列，综合技术水平在世界坝工史上名列前茅

01 单机容量 100万kW 世界第一

02 圆筒式尾水调压室规模 世界第一

03 地下洞室群规模 世界第一

04 300m级高拱坝抗震参数 世界第一

05 首次在300m级高拱坝全坝使用低热水泥混凝土 世界第一

06 无压泄洪洞群规模 世界第一

07 装机容量 1600万kW 世界第二

08 拱坝总水推力 1650万t 世界第二

09 拱坝坝高 289m 世界第三

10 枢纽泄洪功率 世界第三

白鹤滩水电站工程为金沙江下游4个水电梯级——乌东德、白鹤滩、溪洛渡、向家坝中的第二个梯级。白鹤滩水电站工程枢纽由拦河坝、泄洪消能设施、引水发电系统等主要建筑物组成。

白鹤滩水电站工程经过10余年的科研、勘测、设计，开展了150多项专题研究和技术领域的攻关，攻克了一系列技术难题，是世界水电发展过程中具有里程碑意义的水电工程。

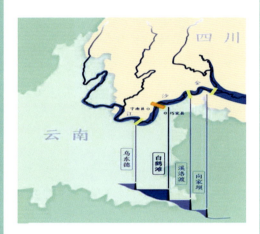

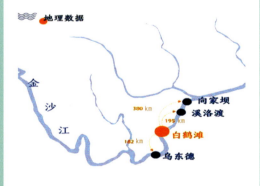

〰 地理数据

— 〰 装机规模

左、右岸各布置8台100万kW水轮发电机组

为当前**世界上单机容量最大的水轮发电机组**

— 〰 水库库容

总库容**206.27亿m³**

相当于洞庭湖总容积

防洪库容**75亿m³**

金沙江下游4个水电梯级中防洪库容最大 相当于三峡工程防洪库容的1/3

— 〰 拦河拱坝

拱坝最大坝高**289m**

相当于**100层楼高**

注:《住宅设计规范》规定普通住宅层高宜为2.80 m

坝顶弧长**709m**

坝体浇筑混凝土约**810万m³**

— 〰 泄洪能力

泄水建筑物由坝身6个泄洪表孔和7个泄洪深孔、左岸3条无压泄洪直洞组成，最大总泄量**42 348m³/s**，居中国第三

6min最大泄洪量相当于**1个西湖**的库容量

— ⚡ 地下洞室群

地下洞室总里程**217km**

相当于**北京到天津距离的1.7倍**

主厂房尺寸长438m 顶拱跨度34m，高88.7m 为世界已建跨度最大地下厂房 面积相当于**35个标准篮球场**

8个圆筒式尾水调压室直径43～48m 直墙高度57.93～93m 是世界已建跨度最大调压室

— ⚡ 建筑物抗震

白鹤滩水电站工程挡水建筑物抗震设防类别为**甲类**，300m级高拱坝设计地震设防标准**最高**

白鹤滩水电站枢纽建筑物布置示意图

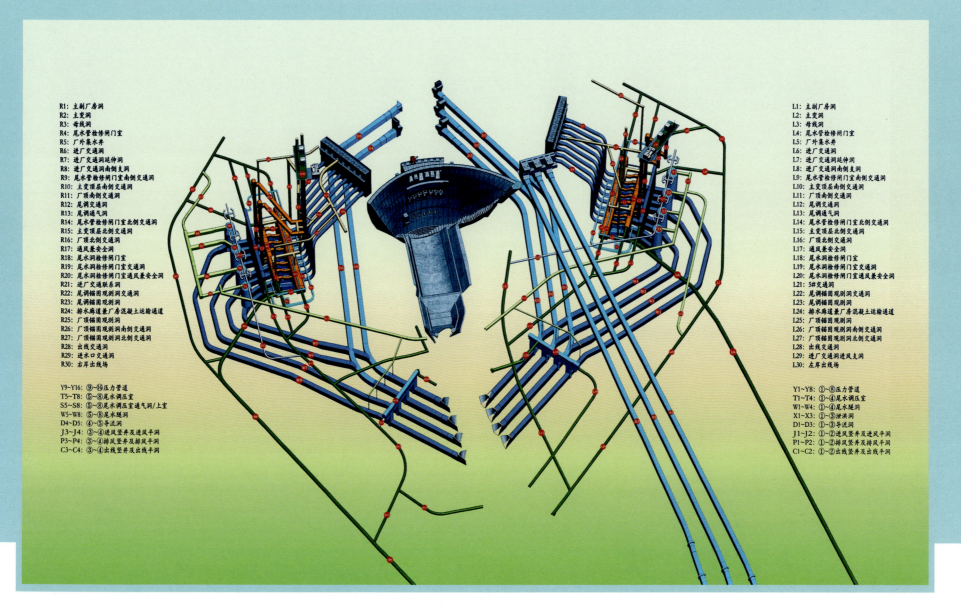

R1: 主副厂房洞
R2: 主变洞
R3: 母线洞
R4: 尾水管检修闸门室
R5: 厂外集水井
R6: 进厂交通洞
R7: 进厂交通洞延伸洞
R8: 进厂交通洞南侧支洞
R9: 尾水管检修闸门室南侧交通洞
R10: 主变顶层南侧交通洞
R11: 厂顶南侧交通洞
R12: 尾调交通洞
R13: 尾调通气洞
R14: 尾水管检修闸门室北侧交通洞
R15: 主变顶层北侧交通洞
R16: 厂顶北侧交通洞
R17: 通风兼安全洞
R18: 尾水洞检修闸门室
R19: 尾水洞检修闸门室交通洞
R20: 尾水洞检修闸门室通风兼安全洞
R21: 进厂交通联系洞
R22: 尾调锚固观测洞交通洞
R23: 尾调锚固观测洞
R24: 排水廊道兼厂房混凝土运输通道
R25: 厂顶锚固观测洞
R26: 厂顶锚固观测洞南侧交通洞
R27: 厂顶锚固观测洞北侧交通洞
R28: 出线交通洞
R29: 进水口交通洞
R30: 右岸出线场

Y9~Y16: ⑨~⑯压力管道
T5~T8: ⑤~⑧尾水调压室
S5~S8: ⑤~⑧尾水调压室通气洞/上室
W5~W8: ⑤~⑧尾水隧洞
D4~D5: ④导流洞
J3~J4: ③~④进风竖井及进风平洞
P3~P4: ③~④排风竖井及排风平洞
C3~C4: ③~④出线竖井及出线平洞

L1: 主副厂房洞
L2: 主变洞
L3: 母线洞
L4: 尾水管检修闸门室
L5: 厂外集水井
L6: 进厂交通洞
L7: 进厂交通洞延伸洞
L8: 进厂交通洞南侧支洞
L9: 尾水管检修闸门室南侧交通洞
L10: 主变顶层南侧交通洞
L11: 厂顶南侧交通洞
L12: 尾调交通洞
L13: 尾调通气洞
L14: 尾水管检修闸门室北侧交通洞
L15: 主变顶层北侧交通洞
L16: 厂顶北侧交通洞
L17: 通风兼安全洞
L18: 尾水洞检修闸门室
L19: 尾水洞检修闸门室交通洞
L20: 尾水洞检修闸门室通风兼安全洞
L21: 5#交通洞
L22: 尾调锚固观测洞交通洞
L23: 尾调锚固观测洞
L24: 排水廊道兼厂房混凝土运输通道
L25: 厂顶锚固观测洞
L26: 厂顶锚固观测洞南侧交通洞
L27: 厂顶锚固观测洞北侧交通洞
L28: 出线交通洞
L29: 进厂交通洞进风支洞
L30: 左岸出线场

Y1~Y8: ①~⑧压力管道
T1~T4: ①~④尾水调压室
W1~W4: ①~④尾水隧洞
X1~X3: ①~③泄洪洞
D1~D3: ①~③导流洞
J1~J2: ①~②进风竖井及排风平洞
P1~P2: ①~②排风竖井及排风平洞
C1~C2: ①~②出线竖井及出线平洞

　　白鹤滩水电站地上工程是大坝为主体的枢纽及引水发电地面工程的主要组成部分，主要包括悬崖边坡整治以及大坝基坑和水电站进水口基础开挖、大坝系统建造、左岸和右岸电站进水塔、泄洪洞进水塔、骨料开采加工、交通路桥等辅助工程。

目　录

一、远眺大坝崛起

短短几年间，白鹤滩大坝就高高耸立在金沙江上，这是新时代的产物，是美好愿景实现的典范。

上游远观大坝崛起

2013-09-06

2015-11-22

2017-03-29

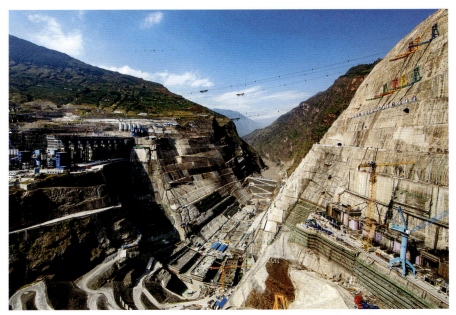

2017-10-31

2018-04-01

2018-10-18

2019-04-13

2019-09-26

大坝蓄水时的景色

2021-10-18

下游远观大坝崛起

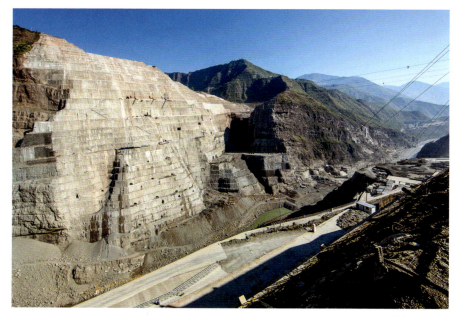

2015-11-21

2017-11-06

2018-03-31

2018-10-18

2019-04-10

2019-09-24

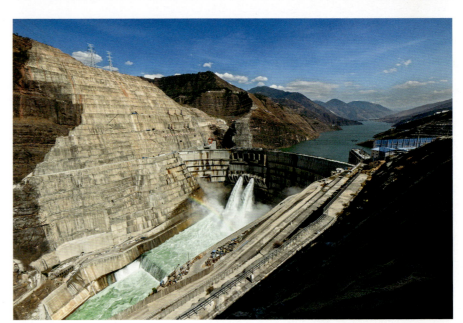

2020-09-15

2021-05-22

大坝泄洪时的壮观场景

2021-10-18

二、原址风貌

大坝原址岸边的岩层地貌   2012-11-11

白鹤滩水电站坝址位于老君山背斜和大寨乡之间金沙江峡谷段过渡地段的单斜玄武岩层内。坝址区发育有位移量较小的 NW300°、NE40° 和近 SN 向 4 组断层，其中 NW300° 断层最为发育。坝址区断层均为脆性断层，断层破碎带内以发育典型碎裂——角砾岩浅层脆性系列构造岩为特点，坝基建在二叠系峨眉山组玄武岩层上。

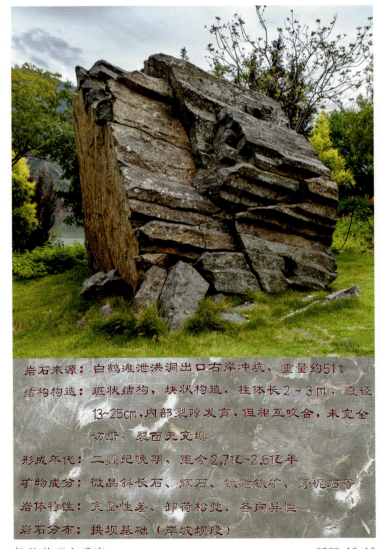

岩石来源：白鹤滩泄洪洞出口右岸冲坑，重量约51t
结构构造：斑状结构，块状构造，柱体长2~3m，直径13~25cm，内部裂隙发育，但相互咬合，未完全切断，裂面无充填
形成年代：二叠纪晚期，距今2.7亿~2.6亿年
矿物成分：微晶斜长石、辉石、钛磁铁矿、绿泥石等
岩体特性：完整性差、卸荷松弛、各向异性
岩石分布：拱坝基础（岸坡坝段）

柱状节理玄武岩   2022-10-10

白鹤滩工程所在地原貌

2012-11-12

大坝所在河段   2012-11-12

坝基江底石

2022-10-10

岩石来源：白鹤滩大坝基坑，重量约62 t
岩石名称：玄武质角砾熔岩
结构构造：填间结构，杏仁构造
形成年代：二叠纪晚期，距今2.7亿~2.6亿年
矿物成分：微晶斜长石、辉石和灰黑色玻璃体，杏
　　　　　仁体内充填物主要为石英、绿泥石、绿
　　　　　帘石等
岩石分布：拱坝基础（河床坝段）

2022-10-10

三、前期准备阶段的施工

前期土建施工

2012-11-13

左岸前期准备阶段的土建施工

2012-11-12

2012-11-12

2012-11-12

热火朝天的左岸施工场景

左岸进水塔和泄洪洞进水塔基础开挖 2013-09-05

左、右岸悬崖边坡整治 2013-09-05

左岸边坡基础开挖 2013-09-05

11

施工中的右岸江边护坡水泥挡墙

2012-11-11

坚固的临时交通吊桥

2012-11-13

左岸护坡施工

2012-11-13

2013-09-05

右岸下红岩堆积体工程综合治理

右岸下红岩堆积体面积较大，分布范围较广，地表变形现象明显，分为前缘侧缘坍塌、地面裂缝、房屋裂缝、地面位移和竖井井壁变形5种。

右岸下红岩堆积体位于大寨沟沟口右岸，前缘坡体呈舌状地貌挤迫沟道，其稳定性与工程建设密切相关。综合治理方案为排导明渠、堆渣压坡和修建局部抗滑桩。综合治理工程主要建筑物包括5级拦沙坝、潜坝、排导渠、排导槽、沟口拦渣坝、沟底堆渣压坡及抗滑桩等。

2013-09-05

2013-09-05

右岸陡坡开挖治理
2013-09-05

治理中的右岸下红岩堆积体

2013-09-05

治理中的两岸边坡

2013-09-05

星光闪烁入峡谷

2013-09-05

右岸悬崖边坡
支护施工排架

2015-11-22

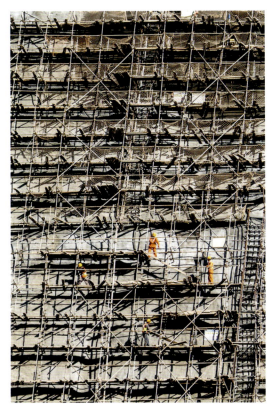

金属结构加工基地

上游左岸金属结构加工基地　　　　　　　　　　　　　　　　　　2017-11-05

左岸金属结构加工基地　　　　　　　　　　　　　　　　　　　　　　　2017-11-25

下游右岸营地两侧金属结构加工基地　　　　　　　　　　　　　　　　　2017-10-25

四、骨料开采加工

白鹤滩水电站所需混凝土总量 1989.2 万 m³（其中，大坝所需混凝土量约 803 万 m³），计及加工、运输与堆存损耗共需加工原岩骨料约 2088.7 万 m³，主要由中国水利水电第八工程局三滩、旱谷地人工骨料加工系统和中国葛洲坝集团第五工程有限公司荒田人工骨料加工系统供料。大坝混凝土中所需的高质量灰岩砂石骨料由巧家县旱谷地灰岩料场的灰岩轧制而成。

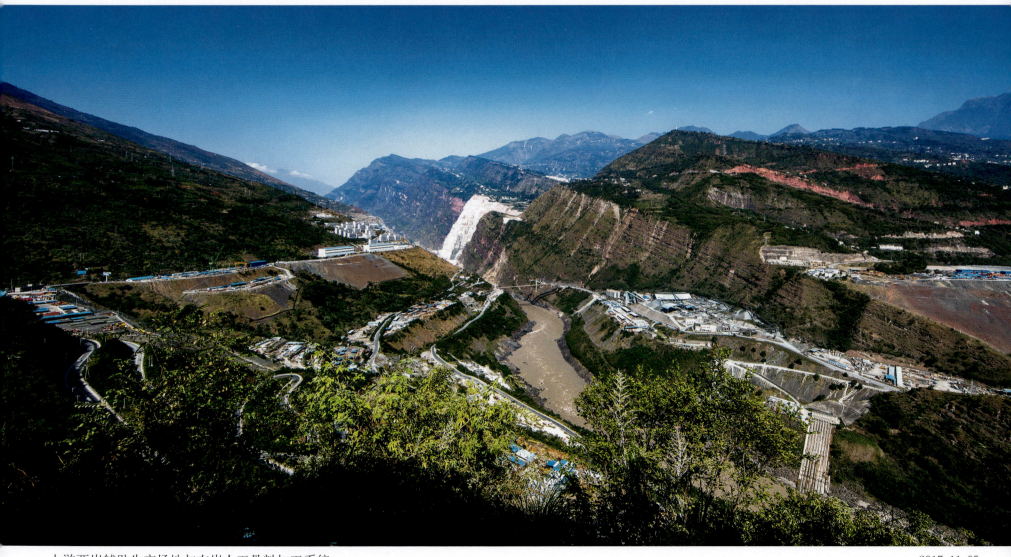

上游两岸辅助生产场地与右岸人工骨料加工系统   2017-11-05

左岸人工骨料加工系统   2017-10-25

上游右岸三滩人工骨料加工系统   2017-11-05

旱谷地人工骨料采掘

旱谷地人工骨料加工系统于2017年3月投产，承担大坝878万m³混凝土所需的成品骨料的开采、生产、运输等任务，需加工混凝土成品骨料1930万t。为此修建了一条骨料运输专用公路——旱谷地公路，全长12.8km。

料场　　　　　　　　　　　　　　　　　2017-03-30

清理渣石　　　　　　　　　　　2017-10-30

挖掘人工骨料　　　　　　　　　2017-03-30

运输人工骨料　　　　　　　　　　　　　　　　　　　　　　　2017-10-30

即将开采完毕的大山料场

2019-09-28

旱谷地人工骨料加工系统

2017-10-30

俯瞰旱谷地人工骨料加工系统

2019-09-28

人工骨料传输与混凝土拌合系统

高线骨料卸载与辅料罐　　　　　　　　　　2017-03-28

高线骨料卸载与混凝土拌合系统　　　　2017-10-25

夜色下的高线混凝土拌合楼　　　　2020-09-15

左岸低线骨料传输与混凝土拌合系统　　　　　　　　　　　2019-04-10

高线骨料传输拌合现场 2017-11-09

低线骨料传输带 2018-10-24

低线骨料传输现场 2018-10-24

左岸低线骨料加工与传输 2018-10-24

混凝土拌合 2021-05-20

五、世界最大缆机群

为满足大坝混凝土浇筑和金属结构吊装的需求，白鹤滩水电站工程布置了7台（高线3台、低线4台）平移式30t平衡式缆机，采用9m³的吊罐进行混凝土的垂直运输，是世界上最大的缆机群。

7台缆机采用高低线"双平双层"的方式布置，与布置在左岸坝顶834m和泄洪洞进口高程768m的缆机高、低线供料平台配套使用。左岸高线3台缆机采用A字塔和平衡台车结合的形式，高线缆机塔架高75m，主索跨度1158m，单台缆机最大运行功率1900kW；左岸低线4台缆机采用高塔架形式，低线缆机塔架高30m，主索跨度1088m，单台缆机最大运行功率2000kW。右岸采用无塔架形式。缆机群负责大坝810万m³混凝土调运和12.6万t施工材料的垂直运输工作。中国水利水电第四工程局有限公司负责缆机群的安装与运作。

2017年3月投运以后，白鹤滩水电站缆机群已安全往返近100万次，累计完成了3000多万t物料及设备的起吊运输工作，其中，混凝土吊运量达827.92万m³，创造了同类机械的安全运行时长和混凝土吊运量两项世界纪录。

跨越千米的缆机群

2017-11-09

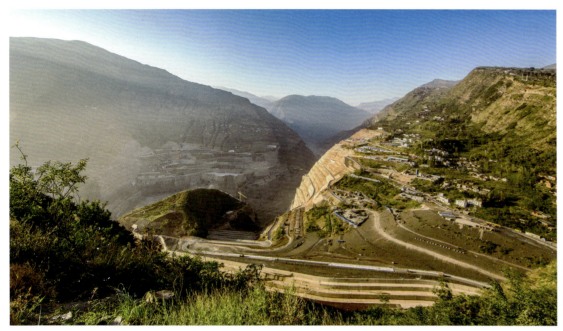

缆机群隐藏在远处的峡谷　　　　　　　2015-11-22

右岸缆机上面的护坡　　　　　　　2015-11-20

右岸缆机塔架　　　　　　　2015-11-20

正在安装的缆机塔架　　　　　　　2017-11-09

缆机索道上　　　　　　　2015-11-20

33

正在建造的左岸高线塔身　　2015-11-21

运行中的左岸缆机群　　2017-11-09

安装缆机塔架 2015-11-21

纵观缆机索道　　2019-04-09

左岸缆机与缆机索道　　2017-10-25

缆机保养　　2019-09-23

右岸缆机与缆机索道　　2017-10-25

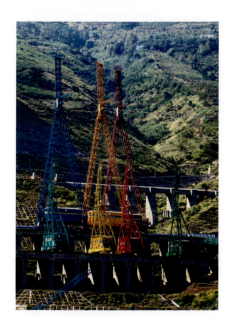

左岸 7 座缆机塔架　　2017-10-31

与右岸对应的 4 座低线缆机塔架　　2017-11-06

右岸 7 座缆机塔架　　2017-10-31

高山峡谷中遥相呼应的缆机群   2017-11-09

缆机操作室

2019-11-18

缆机操作室是白鹤滩水电站工程进行大坝混凝土和材料吊运的中枢，由平均年龄 30 岁的 36 名女工组成的"娘子军"昼夜不停地在缆机操作室操控七彩缆机工作，她们克服了重重困难，开创了大型水电工程"四仓同浇"的施工先河，创造了单月混凝土浇筑量 27.3 万 m³ 的世界纪录。

2021-01-26

六、泄洪洞口

白鹤滩水电站拥有世界上最大的无压泄洪洞群。泄洪洞地面工程包括进水塔和出水口。地面工程与地下工程同时施工，由中国水利水电第五工程局承建。

安装浇筑模板　　2018-03-20

长臂备浇　　2018-03-20

泄洪洞进水塔

泄洪洞进水塔布置在大坝左岸，高69m，长130m，宽43m。2016年5月开始混凝土施工，2018年12月封顶，累计浇筑量约35万 m³。

进水塔施工全貌　　2017-10-24

备浇坡面　　2018-03-20

俯瞰钢筋骨架　　2018-03-20

绑扎钢筋骨架　　2018-10-20

安装通水管

2018-10-20

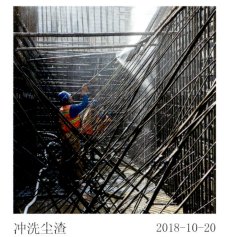

冲洗尘渣　　　　　　2018-10-20

浇筑混凝土　　　　　2018-03-20

安装浇筑模板　　　　2018-10-18

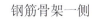

钢筋骨架一侧　　　　2018-10-18

进水塔顶的钢筋骨架　　　　　　2018-10-18

泄洪洞进水塔逐步建成

挖掘进水塔基底　　　　　　　　　2013-09-05

浇筑现场　　　　　　　　　　　　2017-11-06

平整的进水塔基底　　　　　　　　2015-11-21

正在浇筑的进水塔　　　　　　　　2018-04-01

即将封顶的进水塔　　　　　　　　　　　　2018-10-20

完工的进水塔　　　　　　　　　　　　　2021-05-27

泄洪洞出水口的变化

2019-10-08

2020-09-16

2021-05-22

2021-10-19

首孔先开　　　　　　　　　　　　2022-10-30

双孔并开　　　　　　　　　　　　2022-10-30

三孔齐开　　　　　　　　　　　　2022-10-30

库水位 825m 泄洪洞试验性泄洪

雾浪蔽江　　　　　　　　　　　　　　　　　　　　　　　　　　2022-10-30

二龙奔腾　　2022-10-30

七、水电站进水塔

挖掘成形的两岸进水塔土建基础面

　　水电站进水塔是地下引水发电系统工程的进水口前缘地面工程，具有控制进水流量的作用。白鹤滩水电站左、右岸进水塔采用的是岸塔式分层取水设计。进水塔分为闸门井塔体和拦污栅两部分，拦污栅和闸门集中布置，共用一套启闭设备。左、右岸各8个进水口呈一字形分布，依次布置拦污栅段、分层取水段及闸门段。单个塔体宽度33.2m，顺水流方向长33.5m，塔顶高程与大坝坝顶高程834.0m，进水塔体最大高度105.0m。进水塔施工具有混凝土体积大、结构复杂、精度要求高等特点。

2015-11-20

（一）左岸进水塔

远眺大山中的左岸进水塔　　　　　　　　　　　2017-03-28

进水塔基 8 个引水洞口　　　　　　　　　　　2015-11-21

浇筑进水塔　　　　　　　　　　　　　　　　2017-04-02

挖掘左岸进水塔基坑　　　　　　　　　　　　2013-09-05

挖掘引水洞口进水塔基底　　　　　　　　　　2015-11-20

进水塔施工　　　　　　　　　　　　　　　　2017-03-28

进水塔逐渐加高 2017-10-31

搭建拦污栅塔体的施工脚手架 2017-10-30

主塔体预留连接拦污栅塔体的钢筋 2017-10-30

俯瞰正在浇筑的进水塔 2017-10-25

水电站进水塔与泄洪洞进水塔主塔同步加高 2017-10-24

进水塔前底板即将浇筑完成　　　　　　　　2018-04-01

进水塔不断加高　　　　　　　　2018-04-01

左岸进水塔的浇筑进度

千年大计 质量第一

2018-03-29

进水塔即将浇筑到顶　　　　　　　　　　　　　　　　2018-10-20

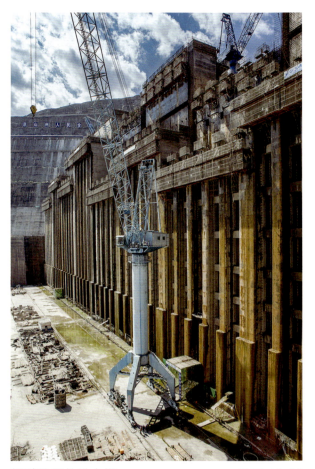

侧看壮观的进水塔　　　　　　　　　　2018-10-20

用塔吊浇筑进水塔顶部　　　　　　　2018-10-20

进水塔与待装的压力钢管　　　　　　　　　　2018-10-20

2019-04-09

2019-04-09

2019-04-10

左岸进水塔塔体大体积混凝土施工首次采用了大型液压悬臂自爬升模板施工技术，对混凝土施工进行全过程质量管控，提升了整体施工质量。

正在施工的拦污栅塔柱 2019-04-10

进水塔封顶　　　　　　　　　　　　　　　　　　2020-09-14

2020-09-14

左岸进水塔的进水口共有 40 孔拦污栅，每孔 18 节，每节重 2.78t，2020 年 11 月底启动安装工作，历时 5 个月完成。吊装期间采用可伸缩式吊篮进行高空作业，既提高了安装效率，又有效地降低了高空作业风险。

完工的拦污栅塔柱　　　　　　　　　　　　　　　　2020-09-14　　　用吊篮安装拦污栅　　　　　　2020-09-07

侧观进水塔雄姿

2021-05-26

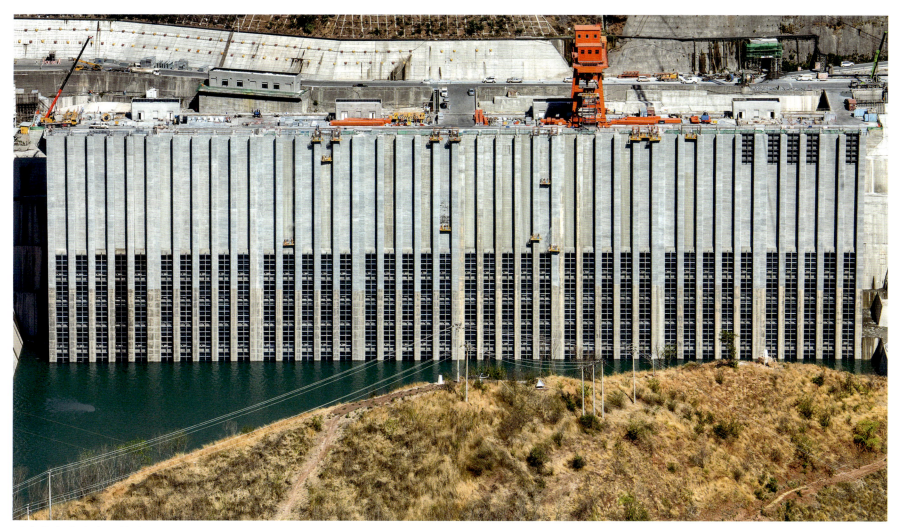

进水塔上的高空吊篮作业 2021-05-22

蓄水中的左岸进水塔 2021-05-29

水位线标 2021-05-26

（二）右岸进水塔

开挖进水口   2015-11-20

挖掘右岸进水塔基底   2015-11-20

俯瞰右岸进水塔基础面施工

2015-11-20

锚固钻孔施工

进水洞口

2015-11-20

2015-11-21

锚固岩壁施工

2015-11-21

2015-11-21

侧看锚固岩壁施工 2015-11-21

洞口钻孔破石 2015-11-20

绑扎塔基钢筋　　　　　　　　　　　　　　　2017-03-29

安装模板　　　　　　　　　　　　　　　　　2017-03-29

绑扎塔基钢筋架　　　　　　　　　　　2017-03-28

进水口与进水塔基底施工（一）　　2017-03-29

进水口与进水塔基底施工（二）　　　　　　　2017-03-28

右岸进水塔施工   2017-10-31

多个仓面同时施工   2017-11-06

绑扎钢筋（一）   2017-10-31

工地夜景   2017-11-08

绑扎钢筋（二）   2017-10-31

正在施工的进水塔主体与拦污栅塔柱　　　　　　　　　　　　　2018-03-20

侧观进水塔的施工进展　　　　　2018-03-31

浇筑拦污栅塔柱　　　　　　　　2018-03-22

绑扎拦污栅塔柱钢筋　　　　　　　　　　　　　　　　　2018-03-22

右岸进水塔施工进度过半   2018-10-18

夜色中的右岸进水塔施工现场

2018-10-24

安装右岸进水塔塔顶模板   2019-04-09

加工钢筋   2019-04-10

右岸进水塔即将浇筑到顶   2019-04-11

2019-04-09

2019-04-09

浇筑右岸进水塔塔顶

2019-04-09

2019-09-29

2020-09-15

清 理 渣 土

2020-09-15

2020-09-15

完工的右岸进水塔 2020-09-18

蓄水中的右岸进水塔 2021-05-27

已接近正常蓄水位的右岸进水塔 2021-010-25

八、构筑大坝

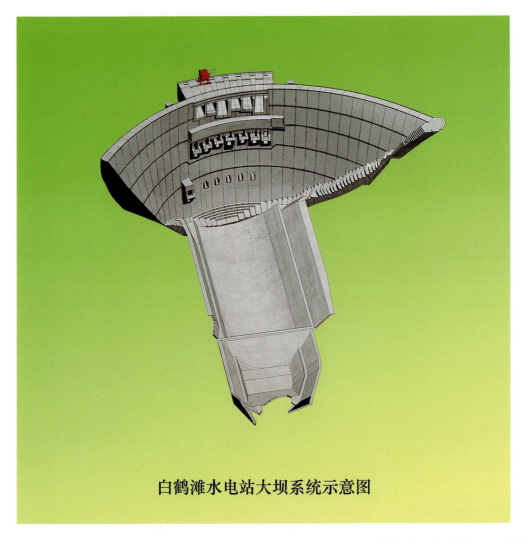

白鹤滩水电站大坝系统示意图

白鹤滩水电站大坝系统由拦河大坝、水垫塘和二道坝组成。

拦河大坝为混凝土双曲拱坝，坝顶高程 834m，最大坝高 289m，拱冠坝厚度 14m，拱冠坝底厚度 63.50m，最大中心角 96.43°，顶拱中心线弧长 709.0m，厚高比 0.22，弧高比 2.45。坝体设横缝而不设纵缝，共有 31 个坝段，横缝设接缝灌浆，陡坡坝段岸坡接触灌浆。坝身设 6 个泄洪表孔、7 个泄洪深孔和 6 个导流底孔。左岸坝肩槽高程 834～750m，设混凝土垫座。垫座与拱坝接触面布置键槽并预埋接缝灌浆系统。

水垫塘全长 360m，顶宽 210m，采用反拱底板接复式梯形断面，水垫深度 48m。底板反拱圆弧半径 107.02m，圆心角 74.796°，弦长 130m，弧底顶面高程 560m，矢高 22m，底板混凝土厚 4m。

二道坝为混凝土重力坝，坝顶高程 608m，最大坝高 67m，顶宽 8m。

大坝主体——拦河大坝于 2017 年 4 月 12 日开始混凝土浇筑，2021 年 5 月 31 日浇筑到顶。坝体共浇筑 2253 仓，约 800 万 m³ 混凝土。

白鹤滩水电站攻克了柱状节理玄武岩作为特高拱坝坝基的世界级难题，全坝使用低热水泥，开展了智能建造，掌握了 300m 级特高拱坝温度控制核心技术，建成"无缝大坝"，创造了世界坝工史上的奇迹。

（一）白鹤滩特高拱坝智能建造技术

特高拱坝智能建造技术指融合传感技术、通信技术、数据技术、建造技术及项目管理知识，是对建造物及建造活动的安全、质量、环保、进度、成本等内容进行感知、分析、控制和优化的理论、方法工艺和技术的统称。

白鹤滩特高拱坝建设以现场问题与应用需求为导向，提出了智能建造理念，在水电工程智能建造理论、分析、技术、应用等方面进行创新，开展了面向特高拱坝关键施工工艺和业务流程的智能建造理论体系研究与技术实践，在施工过程中全面应用信息管理平台，实施了混凝土浇筑一条龙监控、混凝土平仓振捣监控、智能通水、智能喷雾、智能灌浆等业务流程和工艺过程的智能建造系列技术，形成了中国特色水利水电工程智能建造模式。

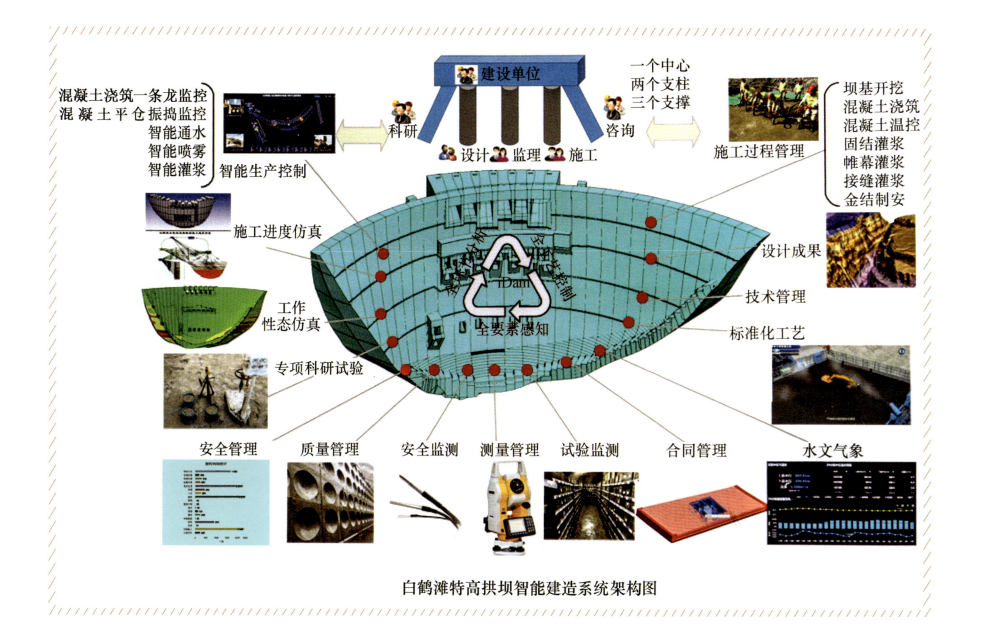

白鹤滩特高拱坝智能建造系统架构图

特高拱坝智能建造闭环控制体系

白鹤滩特高拱坝建设以智能建造闭环控制理论为基础，将"感知-分析-控制"向"全面感知-真实分析-实时控制"转变，深度融合工程空间模型与信息，建立动态且精细化的全面感知、真实分析、实时控制的智能化建设与管理运行体系。

全面感知是利用现代传感与采集技术，通过个体式、断面式、扫描式等移动终端和装置，实时、全面、准确地采集工程建设中的各类施工数据，借助卫星通信技术、移动网络及互联网技术实时、动态地进行双向传输、存储与动态分析，结合水电项目特点，将感知数据分为基础数据、过程数据、监测数据与环境数据。

真实分析是在全面感知的数据基础上，利用计算机仿真、建筑信息数据、虚拟现实技术，将数据信息与三维空间模式耦合关联，建立实时动态映射关系，实现工程信息与数据的可视化、数字化，利于后续的直观表达或分析；

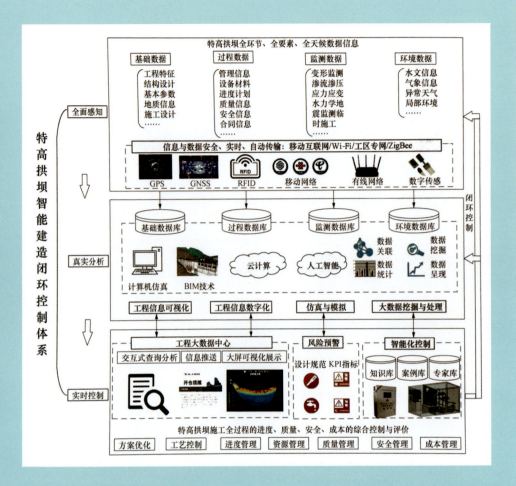

利用云计算、大数据等技术进行数据关联、挖掘、统计、呈现等，实时动态分析数据规律，预测后续趋势，对工程建设进度、质量、安全进行分析预测；利用数值仿真技术，对工程结构的温度、应力、变形、渗流与稳定进行仿真模拟与重构、评估、预测工作性态。

实时控制是通过工程大数据中心、风险预警、智能化控制设备等手段对感知分析的数据信息进行处理与反馈，达到实时自动控制的目的。

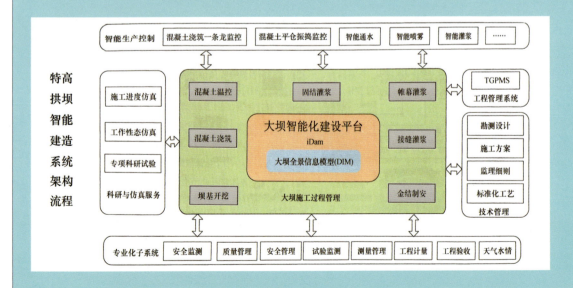

特高拱坝智能建造系统架构

智能建造系统非常庞大，基本架构包含感知层、网络层、数据层、平台层、应用层及系统集成接口。感知层与网络层是基础，是智能建造业务运行、数据采集的基础；数据层与平台层是核心，是智能建造技术实现的关键环节；应用层是目标，是智能建造系统价值的最终体现。各层级共享协同、互联互通。

特高拱坝智能建造施工数据感知与传输体系

　　施工数据感知与传输体系是智能建造系统基础部署中构建的信息运行系统。利用光纤、Wi-Fi、4G 及 ZigBee 等通信传输技术，建立覆盖整个工区的网络系统，利用无线传输或光纤传输等手段为数据采集提供稳定、高速的网络基础。通过先进、成熟、自主研发的传感设备与信息采集技术，利用无线传输、智控设备自动采集、现场掌上电脑、计算机桌面、射频识别技术等感知手段，借助互联网或移动网络实现实时传输，实时、准确地获取工程建设人员、机械、材料、程序、环境等数据信息并及时传输数据库，为数据分析与反馈控制提供信息数据保障。

智能建造信息管理综合平台界面

施工数据感知与传输体系

混凝土浇筑一条龙监控技术

白鹤滩特高拱坝智能建造关键工艺技术

1. 混凝土浇筑一条龙监控技术
2. 混凝土平仓振捣监控技术
3. 智能通水技术
4. 智能喷雾技术
5. 智能灌浆技术

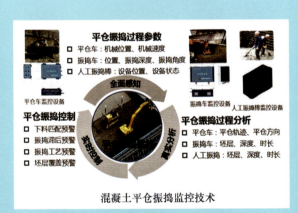

混凝土平仓振捣监控技术

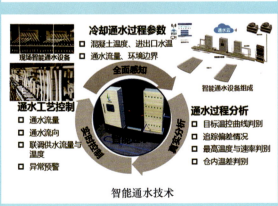

智能通水技术

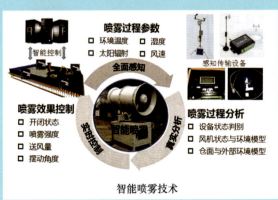

智能喷雾技术

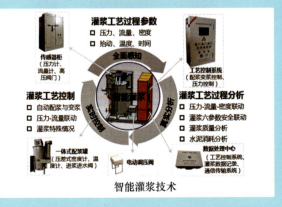

智能灌浆技术

本节资料来源：清华大学学报（自然科学版）2021 年第 61 卷第 7 期·智能建造专刊—《白鹤滩特高拱坝智能建造技术与应用实践》

（二）构筑围堰

白鹤滩水电站上游围堰和下游围堰是截断江水为开挖大坝基坑、浇筑大坝而建造的临时性围挡构筑物。

上游围堰为复合土工膜斜墙土石围堰，堰顶高程658.0m，最大堰高83.0m，堰顶宽12.0m，堰顶轴线长208.9m。围堰基础覆盖层防渗采用塑性混凝土防渗墙，最大深度50.0m；高程612.0m以上采用复合土工膜防渗，防渗体高度46.0m。大坝建成后，拆除部分上游围堰，缺口到高程630.0m，底宽55.0m。

下游围堰为复合土工膜心墙土石围堰，最大堰高53.0m，堰体主要由石渣和砂砾料组成，堰顶宽12.0m，堰顶轴线长153.0m。围堰基础覆盖层防渗采用塑性混凝土防渗墙，最大深度45.0m；高程607.0m以上采用土工膜心墙防渗，防渗体高度21.0m。大坝建成后，拆除下游围堰全段面，至高程580.0m。

构筑上游围堰

上游围堰填筑施工现场　　　　　　　　　　　　2015-11-21

俯瞰上游围堰施工　　　　　　　　　　　　2015-11-20

碾实围堰基础   2015-11-22

土石夹层   2015-11-20

建成后的上游围堰   2017-03-31

构筑下游围堰

俯瞰下游围堰施工 2015-11-20

下游围堰填筑现场 2015-11-22

浇筑下游围堰防渗体   2015-11-22

建成后的下游围堰   2017-10-26

（三）深挖基坑

2015-11

右岸基坑与坝肩施工

2015-11-20   2015-11-20

2015-11-22

2015-11-22

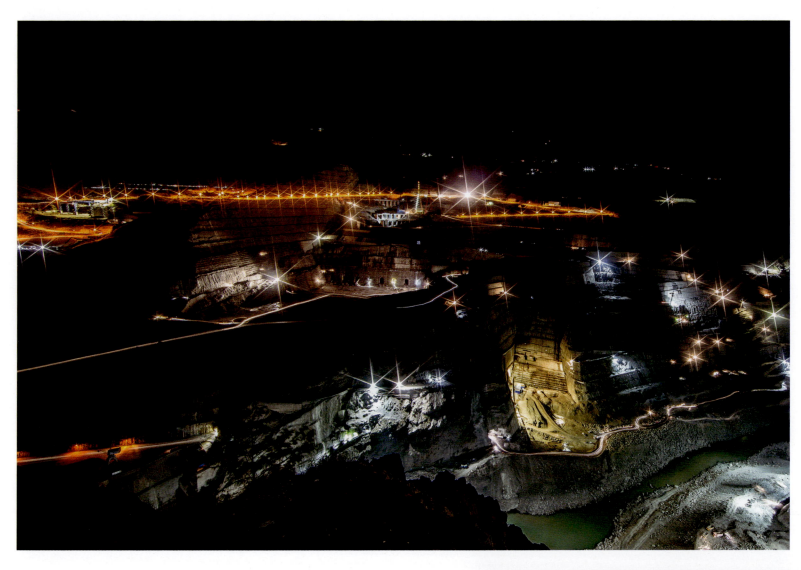

夜色中繁忙的左岸工地

2015-11-22

左岸基坑与坝肩施工

2015-11-20

2015-11-22

2015-11-21

2017-03-31

基坑挖掘成形

2017-03-29

2017-03-31

（四）世界上规模最大的反拱形水垫塘

水垫塘是大坝重要的泄洪消能设施，对大坝坝后河床基础稳定起关键性的作用。

白鹤滩水电站水垫塘是世界上规模最大的反拱型水垫塘，长360m，宽（弦长）130m，反拱圆弧半径107.02m，底板混凝土厚4m，混凝土总方量约50万m³。

水垫塘塘体采用反拱形底板接复式梯形断面设计，两侧设有拱座和边墙，集保障塘体稳定与改善底板水力条件于一体，充水后将形成深度达48m的水垫，承担高水头、高流速、大流量的泄洪消能任务。最大泄流量达30 000m³/s，最大泄洪功率达60 000MW。

2020年5月，水垫塘首次充水完成。2020年11月27日，大坝底孔开始过流，水垫塘正式开始承担泄洪消能任务。

侧坡布线 2017-03-31

塘底施工 2017-03-31

2017-03-29

2017-03-29

浇筑水垫塘右岸边坡基础

2017-03-31

2017-03-31

2017-03-27

浇筑水垫塘左岸护坡墙体

安装护坡浇筑模板　　　　　　　　　　　　　　2017-03-31

铺设护坡钢筋骨架　　　　　　　　　　　　　　2017-03-28

基坑底部的柱状节理玄武岩石层　　　　　　　　2017-10-26

岩面清基　　　　　　　　　　　　　　　　　2017-10-26

铺设水垫塘底板钢筋

绑扎钢筋骨架　　　　　　　　　　　　　　　2017-10-26

铺设钢筋网格   2017-11-06

凿除散石   清除渣土

2017-10-26   2017-10-26

冲洗沉渣   2017-10-26

绑扎钢筋网格   2017-11-06

传运出渣   2017-10-26

陡峭边坡固管 　　　　　2018-03-20

2018-03-30

锚固水垫塘底部左岸边坡钢筋

2018-03-31

2018-03-30

冲洗边坡渣土 2018-03-20

搭建边坡钢筋骨架 2018-03-20

竖立在右岸边坡底部的锚固钢筋 2018-03-20

绑扎完成后的底板上层钢筋网格 2018-10-14

在钢筋网格上施工 2018-10-14

绑扎水垫塘底板反拱边坡钢筋骨架

2018-10-14

浇筑水垫塘底板

2018-10-18

浇筑水垫塘右岸边坡

2018-10-14

浇筑水垫塘左岸边坡

2018-10-14

林立的锚固钢筋　　　　　　　　　　　　　　2018-10-14

在待浇筑底板仓面中绑扎钢筋　　　　　　　　2018-10-14

逐仓浇筑边坡底板　　　　　　　　　　　　　2018-10-14

绑扎水垫塘左岸边坡底板钢筋　　　　　　　　2018-10-18

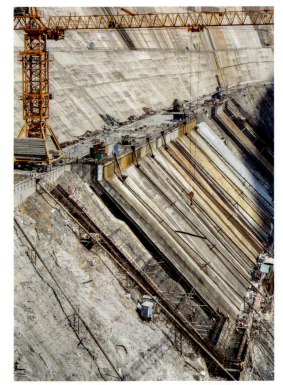

水垫塘左岸边坡施工　　　　　　2019-04-08

水垫塘塘底反拱形边坡施工　　　　　　　　　　2019-04-13

搭建水垫塘左边底板骨架　　　　　　2019-04-13

搭建水垫塘右边底板骨架　　　　2019-04-08

浇筑混凝土　　　　　　2019-04-08

水垫塘施工全貌　　　　　　　　　　　　　　　　　　　　　　2019-04-08

（五）构筑二道坝

二道坝位于大坝下游360m处，与深度达48m的水垫塘一起组成大坝的泄洪消能设施，为坝身最大30 000m³/s的泄洪进行消能。二道坝坝顶高程608m，最大坝高67m，坝顶宽度8m，坝底最大宽度66.8m，坝顶长度173m，混凝土总方量280 000m³，全坝使用低热水泥混凝土浇筑。2019年10月20日，二道坝全线封顶。

绑扎二道坝边坡钢筋（一）　　　　　　　　　2018-03-20

清理坝基　　　　　　　2018-03-20

振捣混凝土　　　　　　2018-03-30

绑扎二道坝边坡钢筋（二）　　　　　　　　　2018-03-20

浇筑坝底混凝土

2018-03-30

千 年 大 计 质 量 第 一

浇筑二道坝基底

2018-03-31

2018-10-14

2019-04-08

二道坝逐渐增高

2019-04-13

用高架传送带浇筑仓面（一）　　　　　　2019-04-13

用高架传送带浇筑仓面（二）　　　　　　2019-04-13

二道坝与水垫塘施工　　　　　　2019-04-08

二道坝夜景 2019-04-13

二道坝即将封顶 2019-09-27

二道坝与水垫塘近景

2019-09-22

（六）构筑拦河大坝

右岸坝肩中上部削壁成形

挖掘坝肩检修交通隧洞　　　　　　　　2015-11-20

右岸坝肩向深处延伸　　　　　　　　2015-11-20

深入基坑的右岸坝肩　　　　　　　　2015-11-20

右岸坝肩上部　　　　　　　　2015-11-20

右岸陡峭的护坡与挖掘成形的坝肩

2015·11·20

智能通水控制系统

　　智能通水控制系统是科研人员研发的大坝"降温神器"，是建设"无缝大坝"的关键技术之一。智能通水控制系统能够通过铺埋在大坝中的通水管和5774支温度计、75 347m测温光纤、数千支监测仪器测量混凝土的温度和温差变化，动态自动调整通水流量，实现大坝温度的全过程智能精准控制，是突破大体积混凝土温控防裂、建成"无缝大坝"的创造性技术。

瀑布般的通水管　　　　　　　　　　　　2017-10-24

通水管阀门控制系统（一）　　　　　　　2017-10-24

通水管阀门控制系统（二）　　　　　　　2017-11-06

焊接通水控制管
2017-03-27

**大坝施工栈桥上的
通水管阀门控制系统**

2019-04-08

2019-04-08

铺埋通水管

2017-11-06

2021-05-30

2021-05-30

2021-05-30

有序铺埋通水管（一）   2018-03-29

有序铺埋通水管（二）   2018-03-29

近看铺埋通水管（一）   2019-09-22

近看铺埋通水管（二）   2019-09-22

绑扎廊道基础框架　　　　　　　　　　2017-10-25

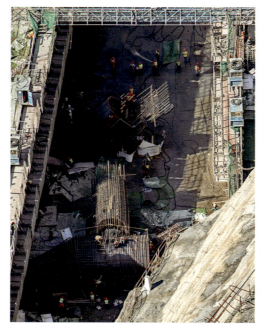

绑扎廊道钢筋　　　　　　　　　　2017-10-25

在模板上绑扎廊道钢筋　　　　　　　　2017-10-25

浇埋左岸坝肩廊道　　　　　　　　2017-10-25

大坝廊道

　　大坝共有6层廊道，结构复杂，纵横交错。位于大坝坝体上的基础帷幕灌浆廊道属于河床防渗帷幕，是大坝坝基防渗处理的关键部位。大坝基础防渗帷幕分别在坝体基础灌浆廊道和左、右岸坝基帷幕灌浆平洞中施工，其中，左、右岸坝基帷幕灌浆平洞由6层平洞组成，平洞高差为30～60m，平洞的宽和高为4.0m和4.5m。

浇埋廊道　　　　　　　　　　2017-10-27

浇埋廊道一角　　　　　　　　　　2018-03-31

密密麻麻的廊道钢筋骨架　　　　　　　　　　2018-03-22

廊道钢筋骨架成形　　　　　　　　　　　　　2018-03-29

绑扎斜弯廊道钢筋骨架　　　　　　　　　　　2018-03-31

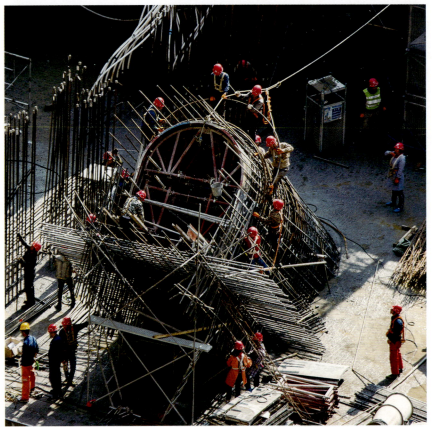

众人抬起钢筋骨架　　　　　　　　　　　　　2018-03-31

仓面廊道钢筋骨架轮廓

2018-10-17

绑扎廊道钢筋骨架

2018-10-16

2018-10-17

2018-10-17

2018-10-17

吊装钢筋骨架 2019-10-09

俯瞰廊道钢筋骨架 2020-09-08

浇筑右岸坝肩仓位和廊道 　　　　　　　　　　　　　　　　　　　　　2019-09-29

浇筑左岸坝肩仓位和廊道 　　　　2020-09-07

完工的坝内廊道 　　　　　　　　　　　　　　　2021-05-16

2017 年的大坝浇筑

2017 年，大坝正式动工，中国水利水电第四工程局有限公司和中国水利水电第八工程局有限公司分别
负责左岸大坝和右岸大坝的土建及金属结构安装工程。

右岸坝肩下部施工排架

2017-03-27

坝底岩层钻孔灌浆   2017-03-28

抬运通水管   2017-03-27

左岸坝肩　　　　　　　　　　　　　　　　2017-03-29

左岸坝肩上部　　　　　　　　　2017-03-28

左岸坝肩中部的检修隧洞　　　　2017-03-29

在左岸坝肩上绑扎钢筋　　　　　2017-03-28

右岸坝肩的人行天梯 2017-03-28

在右岸坝肩上绑扎检修隧洞钢筋 2017-03-29

右岸坝肩 2017-03-31

地面工程全貌   2017-03-29

待浇坝基（一）   2017-03-27   待浇坝基（二）   2017-03-28

浇筑施工栈桥   2017-03-28

铺设坝基钢筋骨架   2017-03-27

绑扎坝基仓位钢筋 2017-03-27

铺设钢筋骨架（一） 2017-03-27

铺设钢筋骨架（二） 2017-03-29

冲洗渣土（一） 2017-03-27

焊接现场 2017-03-27 冲洗渣土（二） 2017-03-27

安装模板 2017-03-27

焊接施工 2017-03-27

正在安装模板的坝基仓位 2017-03-28

正式开始浇筑大坝首仓混凝土 2017-04-12

左岸施工面   2017-10-25

浇筑完成的大坝底部基础

2017-10-27

2017-10-25

2017-11-06

大坝逐渐显现   2017-10-25

左岸坝肩下部仓面   2017-10-24

整治右岸坝肩下部   2017-10-25

2017-10-24

绑扎大坝钢筋骨架

2017-11-08

2017-11-08

2017-11-08

结实的大坝仓位钢筋骨架

2017-11-08

焊接钢筋

2017-11-08

精准测量 2017-11-08

左岸坝肩仓位清基 2017-10-24

吊埋线管 2017-11-08

用吊罐密集浇筑仓面 2017-10-25

清洗尘渣 2017-11-08

浇筑坝仓

混凝土入罐　　　　　　　　　　　　　　　　　2017-10-31

空中缆机输送混凝土　　　　　　　　　　　　　2017-11-06

浇筑坝仓（一）　　　　　　　2017-10-24

浇筑坝仓（二）　　　　　　　2017-10-25

2017-11-06

2017-10-27

2017-10-25

2017-11-06

浇筑大坝

2017-11-06

2017-10-24

2017-11-06

2017-10-31

2017-11-06

大坝逐渐升高 2017-10-25

大坝与两岸进水塔浇筑成形 2017-10-31

2017-11-08

大坝施工夜景

2017-11-08

2017-11-08

夜筑大坝

2017-11-08

2018 年的大坝浇筑

2018-03-30

2018-03-31

2018-03-31

2018-03-31

2018-03-22

坝后混凝土贴脚　　　　　　　　　　2018-03-22

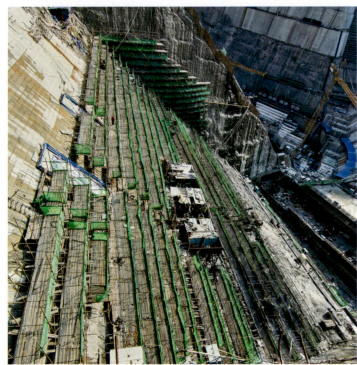

左岸坝肩施工排架　　　　　　　　　2018-03-31

左岸坝肩仓位钢筋网格　　　　　　　2018-03-31

大坝施工现场

2018-03-31

夜幕下繁忙的缆机群工作场景 2018-03-31

月色中的大坝施工场景 2018-03-31

夜幕下的地面施工全貌   2018-03-20

左岸缆机塔架灯火   2018-10-24

夜色中的大坝仓段   2018-03-31

月光、灯光和大坝三者交相辉映   2018-03-31

右岸坝肩仓位施工　　　　　　　　　　2018-10-18

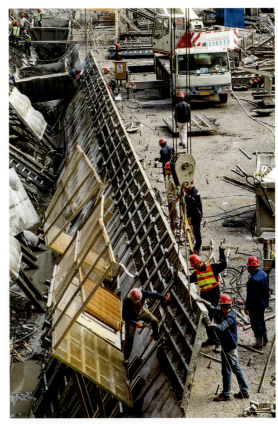

安装左岸仓位浇筑模板　　　　　　　2018-10-16

清除坝仓渣土　　　　　　2018-10-16

清理左岸坝肩风石　　　　2018-10-16

绑扎左岸坝体钢筋墙　　　　　2018-10-16

逐渐加高的大坝 2018-10-22

栈桥上待发送的混凝土 2018-10-18

浇筑现场 2018-10-16

大坝施工一角 2018-10-17

多罐浇筑 2018-10-14

泄洪深孔建设阶段的大坝 2018-10-16

正在养护的大坝仓面 2018-10-16

俯瞰大坝施工场景

2018-10-18

壮观的大坝施工场景

2018-10-18

2018-10-18

夜以继日地施工 ————

2018-10-24

2018-10-23

大坝泄洪深孔

泄洪深孔为大坝永久性泄洪建筑物，与大坝表孔、岸边泄洪洞共同承担水电站运行期的泄洪任务。白鹤滩水电站大坝布置了7个泄洪深孔，位于15号～21号坝段，采用的是孔身上翘（下弯）形有压泄水孔，流道均采用全断面钢衬衬护，钢衬孔身段衬板、进口衬板、出口衬板以及通气孔材料为不锈钢复合钢板。单孔设计最大泄洪量1730m³/s，7个深孔设计总泄洪量12 107m³/s，孔内流速可达40m/s。

绑扎泄洪深孔钢筋骨架　　　　　　　　2018-10-17

泄洪深孔施工全貌　　　　　　　　2018-10-17

逐段绑扎钢筋骨架　　　2018-10-17

浇筑混凝土（一）　　　　　　2018-10-18

浇筑混凝土（二）　　　　　　2018 10 18

搭建大坝泄洪深孔钢衬支撑钢架

2018-10-16

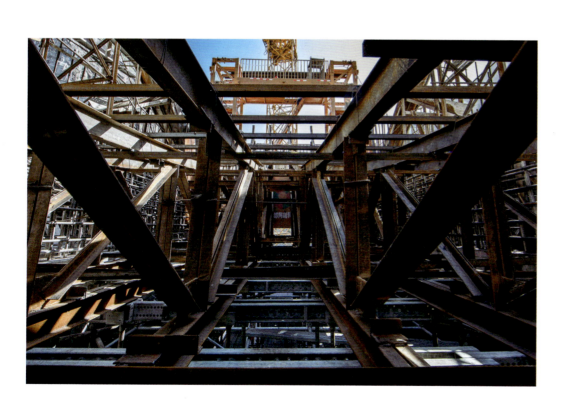

2019 年的大坝浇筑

2019-04-13

2019-04-11

2019-04-0

2019-04-11

2019-04-08

横缝键槽

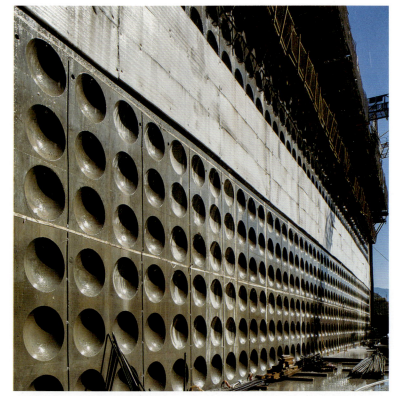

白鹤滩大坝的横缝面上分层布设了圆形的键槽，以解决坝体分块浇筑可能存在的接缝面不平的问题，从而使横缝面有较强的抗剪能力，防止拱坝中横缝出现张开现象，避免横缝两侧坝体出现相对滑动的趋势。通过横缝键槽进行后续接缝灌浆有利于维护大坝的整体性，可将若干个坝段整合成"无缝大坝"。

正在保养的凹圆横缝键槽 　　　　　　　　　　　　　2018-10-16

紧贴横缝键槽浇筑混凝土 　　　　　　　　　　　　　2018-03-23

在各个坝段上安装凸圆横缝键槽模板 　　　　　　　　　　　　　2019-04-09

凹圆横缝键槽布满坝段   2019-04-08

在各个坝段上浇筑凹圆横缝键槽   2019-04-11

地面工程施工全貌　　　　　　　　　　　　　　　　　　　　　　　2019-04-13

大坝与二道坝逐渐增高的施工场景　　　　　　　　　　　　　　　　2019-04-10

俯瞰夜色中的施工场景 　　　　　　　　　　　　　　　　　　　　　　　　　2019-04-13

导流底孔的施工场景 　　　　　　　　2019-04-10

仓位逐渐增加的大坝施工场景 　　　　　2019-04-13

月色下的施工场景

2019-04-14

阳光下的施工场景

2019-09-29

大规模安装泄洪深孔钢衬

精细焊接　　　　　　　　　　　　　　2019-04-29

深孔钢衬迎水口　　　　　　　　　　2019-09-29

依次排开的深孔钢衬迎水口　　　　2019-09-29

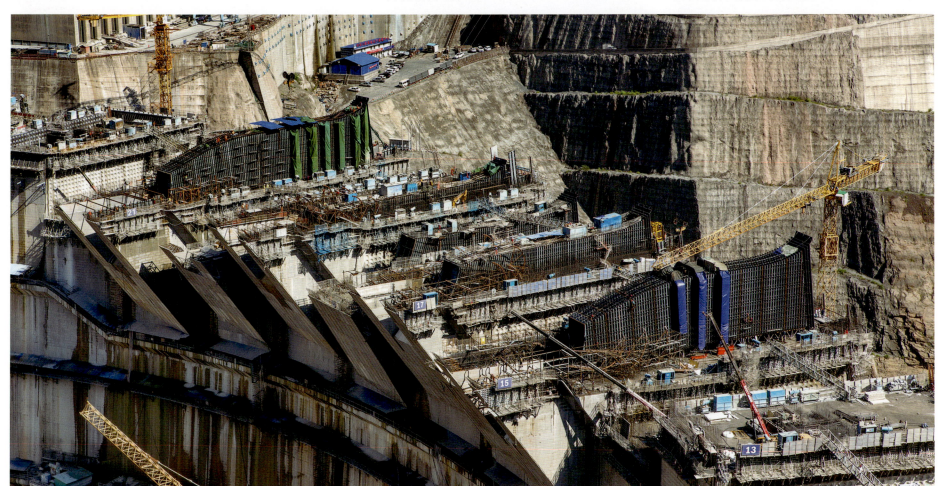

同步安装各个深孔钢衬　　　　　　　　　　　　　　　　　　　　　　　　2019-09-26

即将安装完成的深孔钢衬 　　　　　　　　　　　　　　　　　　　　　　　　　　　2019-09-29

深孔钢衬犹如巨龙横卧在大坝上 　　　　　　　　　　　　　　　　　　　　　　　　　2019-09-29

泄洪深孔安装阶段的浇筑

振捣混凝土   2019-10-09

浇筑坝仓   2019-09-29

安装泄洪深孔钢衬   2019-09-29

浇筑泄洪深孔层   2019-09 29

浇筑深孔

2019-09-22

2019-09-29

泄洪深孔施工阶段的大坝

2019-10-09

2019-09-22

2019-09-27

2019-09-22

蓝天白云下的大坝　　　　　　　　　　　　　　　　　　　　　　　　2019-09-23

远眺深谷中的大坝　　　　　　　　　　　　　　　　　　　　　　　　2019-09-27

夕阳下的大坝

2019-10-08

夜幕笼罩在大坝上

2019-09-26

空中俯瞰大坝

2019-09-27

2019-09-21

2019-09-21

2019-09-26

灯火通明的施工现场

2019-09-26

俯瞰大坝建设场景 2019-09-23

阳光下的大坝建设场景 2019-09-27

大坝上游场景 2019-10-01

2020 年的大坝浇筑

2020-09-11

忙而有序的大坝工地

2020-09-18

有序浇筑各个坝段　　　　　　　　　　　　　　　　　　　　2020-09-18

齐心协力绑扎钢筋　　　　　　　2020-09-18

冲洗渣土　　　　　　　　　　　2020-09-18

晴朗天气下的大坝

2020-09-07

阴雨天气下的大坝

2020-09-16

雾气弥漫下的大坝

2020-09-15

白云飘过的大坝

2020-09-15

水垫塘注满水

俯瞰大坝下游   2020-09-08

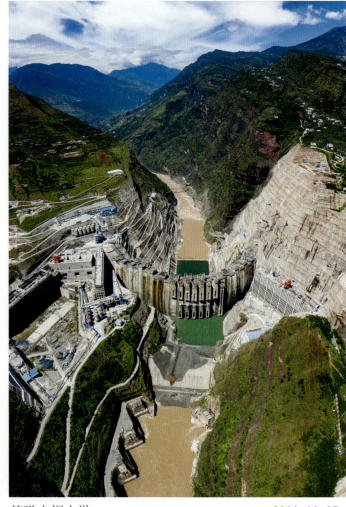

俯瞰大坝上游   2020-09-07

侧看大坝下游   2020-09-07

侧看大坝上游   2020-09-07

侧看大坝与水垫塘

2020-09-08

夜观大坝

2020-09-09

导流底孔过流

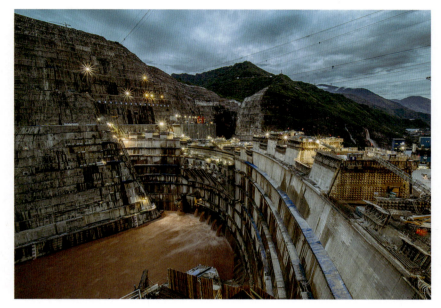

2020-09-15

2020-09-15

2020-09-15

2020-09-16

2020-09-16

2020-09-16

2020-09-16

2021年的大坝浇筑

顶层仓位的钢筋绑扎

2021-05-16

2021-05-21

2021-05-16

2021-05-16

2021-05-16

2021-05-21

2021-05-16

2021-05-21

2021-05-21

2021-05-26

2021-05-16

2021-05-21

2021-05-26

坝顶护栏的
钢筋绑扎与混凝土浇筑

2021-05-26

2021-05-26

2021-05-22

2021-05-16

2021-05-27

2021-05-27

蓄水后的大坝两岸　　　　　　　　　　　　　　　　2021-05-28

光滑如镜的表孔　　　　　　　　2021-05-30

顶层浇筑远景　　　　　　　　　　　　　　　　　　　2021-05-20

2021-05-25

顶层浇筑近景

封顶前的最后冲刺

2021-05-16

2021-05-22

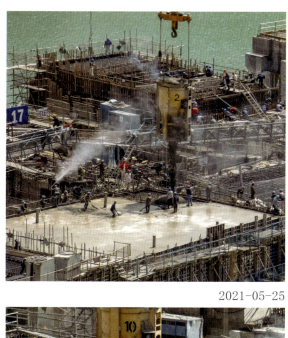

2021-05-25

2021-05-25

2021-05-27

2021-05-27

2021-05-27

2021-05-27

2021-05-30

2021-05-30

2021-05-30

飘扬的彩旗标志大坝顺利封顶

2021-05-30

2021-05-22

2021-05-31

2021-05-30

封 顶 时 光

全线到顶

2021-05-31

正式宣告大坝全线浇筑到顶 2021-05-31

振捣最后浇筑的混凝土 2021-05-31

平整坝顶 2021-05-31

现场管理

　　大坝建设期间，白鹤滩工程建设部工作人员每天深入现场，检查施工进度和质量，现场指导施工，及时发现疑点，认真分析、研究、解决问题，为建设高质量工程尽职尽责。

检查岩层碎石清理情况

2017-11-04

检测混凝土温度　　　　　　　2018-03-30

检查混凝土质量　　　　　　　2021-05-25

现场指导施工　　　　　　　　2020-09-18

检查浇筑质量　　　　　　　　2018-03-30

观察现场施工情况　　　　　　2020-09-18

检查吊罐运行安全情况　　　　2020-09-18

检查横缝键槽　　　　　　　　2018-03-31

检查钢管间隙　　　　　　　　2017-11-04

（七）大坝建成泄流

坝前蓄水

灯火初上   2021-05-25

大坝耸立水中   2021-05-29

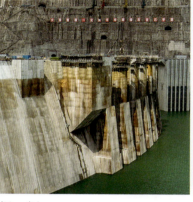

大坝一侧   2021-05-20

远观大坝   2021-05-29

泄洪深孔初泄洪流

2021-05-27

2021-05-25

坝中瀑流 2021-05-16 俯瞰深孔初泄 2021-05-21

2021-05-22 2021-05-27 2021-05-16

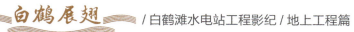

壮观的大坝

蓝天白云下的大坝

2021-10-19

大坝耸立两岸间

2021-10-19

远眺大坝表孔泄洪   2021-10-17

青山绿水中的大坝   2021-10-18

大坝泄洪

2021-10-18

2021-10-18

2021-10-19

2021-10-19

2021-10-19

2021-10-19

滔滔江水，奔腾不息

2021-10-19

深山平湖

2021-10-17

库水位 825m 大坝试验性泄洪

俯瞰大坝试验性泄洪　　　　　　　　　　　　2022-10-31

6 个表孔全部开闸泄洪　　　　　　　2022-10-29

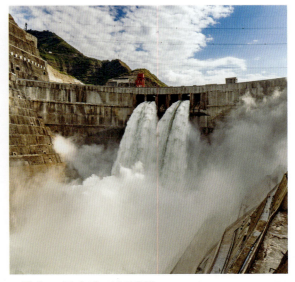

2 号和 5 号表孔开闸泄洪　　　　　　2022-10-31

2 号、4 号、5 号表孔和　　　　　　2022-10-31
2 号、6 号深孔开闸泄洪

3 表孔 4 深孔（2 号、4 号、5 号表孔，2 号、3 号、5 号、6 号深孔）开闸泄洪

2022-10-31

九、特高压输电

　　特高压输电是目前世界上最先进的输电技术，具有远距离、大容量、低损耗、少占地的综合优势。白鹤滩水电站采用的是特高压 ±800kV 直流输电方式。在首台机组发电前，全长 435km 的 500kV 高压输电线路已接入四川电网主网，随着特高压直流输电线路的建成，白鹤滩水电跨越 2000km 直送华东江苏省和浙江省负荷中心。

高压线横跨大江　　　　　　　　　　　　　　　　　　　　　　　　　　　　2022-10-27

大江上的输电线塔　　　　　　　　　　　　　　　　　　　　　　　　　　　2022-10-29

发电控制中心后面的输电线塔　　　　　　　　　　　　　　　　　　　2022-10-27

矗立在右岸的输电线塔　　　　　　2022-10-21

输电线塔耸立两岸　　　　　　　　2021-05-29

输电线塔高耸入云　　　　　　2021-05-29

矗立在左岸的输电线塔　　　　2021-05-29

输电线塔覆盖山顶　　　　　　2021-05-29

世界最大特高压换流站

　　建昌换流站位于四川省凉山州布拖县特木里镇，海拔2448m，是世界上最大的特高压换流站。白鹤滩水电站输出的交流电通过换流站转换为稳定性更高、损耗更小、更易长途输送的特高压级直流电，经过两组直流导线分别跨越近2100km的距离，安全、稳定地输送到江苏省和浙江省的负荷中心。换流站对于减少煤炭运输、减少二氧化碳、二氧化硫和氮氧化物的排放量、优化能源供应结构、缓解大气污染防治压力具有重要意义。

　　建昌换流站由2个±800kV换流站和1个500kV变电站组成"三站合一"，站区占地面积620 000m²，大小相当于90个标准足球场，变电容量16 000MW，一、二期额定输送功率均为±800kV，额定电流5000A，8000MW。

高山上的换流站　　　　　　　　　　　　　　　　　　　　　　　　　　　　　2022-10-19

建昌换流站全貌　　　　　　　　　　　　　　　　　　　　　　　　　　　　　2022-10-19

换流变压器广场 2022-10-19

备用换流变压器 2022-10-19

交流出线架构 2022-10-19

直流场围栏 2022-10-19

直流场设备 2022-10-19

主控室 2022-10-19

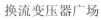

直流场平波电抗器 2022-10-19

安装换流阀阀塔 2022-10-19

GIS 设备安装 2022-10-19

十、白鹤滩金沙江大桥

2019-04-15

　　白鹤滩金沙江大桥位于四川省宁南县葫芦镇口与云南省巧家县交界的金沙江河段，全长746m，桥面净宽13.52m，主跨为656m的钢桁加劲梁悬索桥，行车道净宽10m，双向两车道，设计行车速度40km/s，是白鹤滩水电站的重要辅助工程，是运输建设大坝骨料的主要通道，也是白鹤滩水电站对外交通最重要的桥梁。

正在建设的白鹤滩金沙江大桥　　　　　　　　2015-11-23

金沙江大桥是白鹤滩水电站与旱谷地料场和巧家县城的重要通道　　2019-09-28

白鹤滩金沙江大桥高悬金沙江上　　　　　　　2019-09-28

侧看白鹤滩金沙江大桥　　　　　　　　　　　2018-10-19

蓄水前后的白鹤滩金沙江大桥风貌

2018-10-19

2021-10-18

蓄水后的湖面　　　　　　　　　　2021-10-18

蓄水时的金沙江河段　　　　　　　2021-10-18

白鹤滩金沙江大桥全貌　　　　　　　　　　　　　　　　2022-10-22

白鹤滩金沙江大桥与巧家县城金沙江河段的库区风貌变化

葫芦口镇原址的变化

2018-10-19

2021-10-18

2018-10-19

2021-10-18

蓄水前后

2018-10-19

2021-10-18

十一、珍稀特有鱼类保护

白鹤滩水电站工程在建设过程中始终坚持生态优先、绿色发展理念。为了恢复金沙江珍稀特有鱼类种群和资源量，实现圆口铜鱼、长薄鳅、中华金沙鳅等漂流性产卵鱼类的保护，创新性地建设了集鱼设施与集运过鱼系统，为珍稀特有鱼类建立一个专门通道，让它们的产卵和繁衍能够顺利进行。为此，一个集鱼、分拣、暂养、转运、科研等功能为一体的白鹤滩下游固定式集鱼站建立起来，在三种鱼类集群区域布置了下游固定式集鱼站、尾水洞口固定式集鱼站、尾水洞内集鱼箱等集鱼设施。

白鹤滩水电站集鱼站   2022-10-15

圆口铜鱼: *Coreius guichenoti*

分布：长江上游干支流水域。
生活习性：属水体下层鱼类，喜栖息于水流湍急的江河中，常在多岩礁的深潭中活动；食性杂，以水生昆虫、软体动物、植物碎片、鱼卵、鱼苗等为食。圆口铜鱼还是河流洄游型鱼类，其整个生活史均在河道中完成，产漂流性卵。
工作现状：国家二级保护动物，鱼类增殖放流站2019年引入，2020年实现人工繁殖。

鲈鲤: *Percocypris pingi*

分布：长江上游的干流、西江流域、南盘江等水系。
生活习性：多生活在干流及支流中上层水体活动；喜急水，行动迅速，为凶猛性鱼类，专门猎食小型鱼类。
工作现状：国家二级保护动物，鱼类增殖放流站2015年引入，2019年实现人工繁殖，2020年突破规模化人工繁殖技术，2021年规模化人工繁殖技术成熟。

长薄鳅: *Leptobotia elongate*

分布：金沙江水系、长江中下游、岷江、嘉陵江、沱江、渠江和清江水系的中下游等。
生活习性：栖息于江河中水流较急的河滩、溪洞，为底层鱼类；江河源水时有漂水上游的习性，是一种肉食性鱼类，以底层小鱼为主食。
工作现状：我国特有种类，国家二级保护动物，鱼类增殖放流站2015年引入于当年实现放流，2021年突破野生亲鱼制繁技术成熟，2021年7月突破野生亲鱼人工繁殖技术。

齐口裂腹鱼: *Schizothorax prenanti*

分布：岷江、大渡河等水系。
生活习性：底层鱼类，要求较低的水温环境，喜欢生活于急缓流交界处，有短距离生殖洄游现象；以着生藻类为食，偶尔亦食一些水生昆虫及幼虫、螺蛳和植物的种子。
工作现状：鱼类增殖放流站2015年引入于当年实现放流，2018年实现站内自主繁殖，2019年实现规模化繁殖，2021年规模化繁殖技术成熟。

部分珍稀特有鱼类

裸体鳅鲀: *Gobiobotia nudicorpa*

分布：岷江中游、雅砻江下游和长江干流以及金沙江下游。
生活习性：多生活于山溪小河底层。
工作现状：目前裸体鳅鲀数量较少，急待加强保护。2021年乌东德实验站实现驯养工作。

前臀鮡: *Pareuchiloglanis anteanalis*

分布：长江水系武郡到丽江，数量极少。
生活习性：多生活于山溪河、喜急流环境，以水生昆虫幼虫为主要食物。
工作现状：省级重点保护动物，野生前臀鮡资源数量极少。

长鳍吻鮈: *Rhinogobio ventralis*

分布：长江中游、金沙江流域。
生活习性：野生活于河底层，是一种小型鱼类；主要以底栖动物为食，如摇蚊幼虫、水生昆虫的幼虫以及藻类等。
工作现状：国家二级保护动物，鱼类增殖放流站2019年引入，2020年突破人工繁殖技术。

四川白甲鱼: *Onychostoma angustistomata*

分布：长江上游干支流。
生活习性：与四川白甲鱼近似，为底栖性鱼类，喜生活于清澈而具有砾石的流水中；早春溯河而上，秋冬下迁，至深水多乱石的江底越冬，以着生藻类及沉积的腐植物质为主食。亲鱼成熟后，上溯至多砾石及沙滩的急流处产卵。
工作现状：国家二级保护动物，渐（危）危急鱼类，野生数量少，自然资源濒临枯竭。

2022-10-15

从尾水中提运收集珍稀特有鱼类

从江水中提运收集鱼类   2022-10-15

鱼类集运系统监控   2022-10-15

珍稀特有鱼类增殖放流活动

2021-10-22

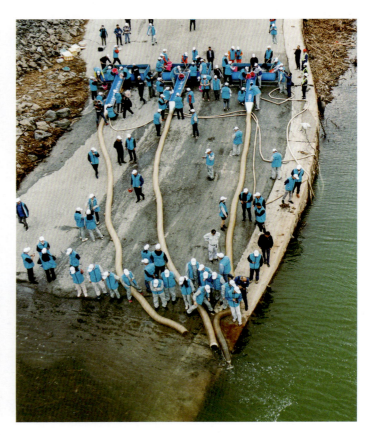

　　白鹤滩水电站建有珍稀特有鱼类增殖放流站，采用以循环水养殖模式为主，流水养殖模式为辅的混合养殖模式，养殖大量珍稀特有鱼类的鱼苗，每年将其投放金沙江，举行珍稀特有鱼类增殖放流活动，达到保护生态环境的目的。

　　2021 年 10 月 22 日，白鹤滩库区首次举行了珍稀特有鱼类增殖放流活动，20 万尾鲜鲤、圆口铜鱼、长鳍吻鮈、长薄鳅等珍稀特有鱼苗被放归金沙江。

十二、建设营地风貌

营地体育场馆 2021-05-31

金沙江畔高山上的白鹤滩工程建设营地 2019-09-30

蓄水后的白鹤滩工程建设营地 2021-10-25

白鹤滩工程建设部办公楼 2021-05-31

2021-10-25

2017-11-05

2018-04-02

白鹤滩工程建设营地前的金沙江

2021-10-25

十三、劳动者印象

劳动时光

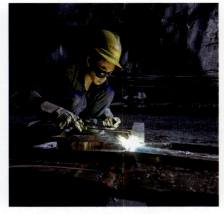

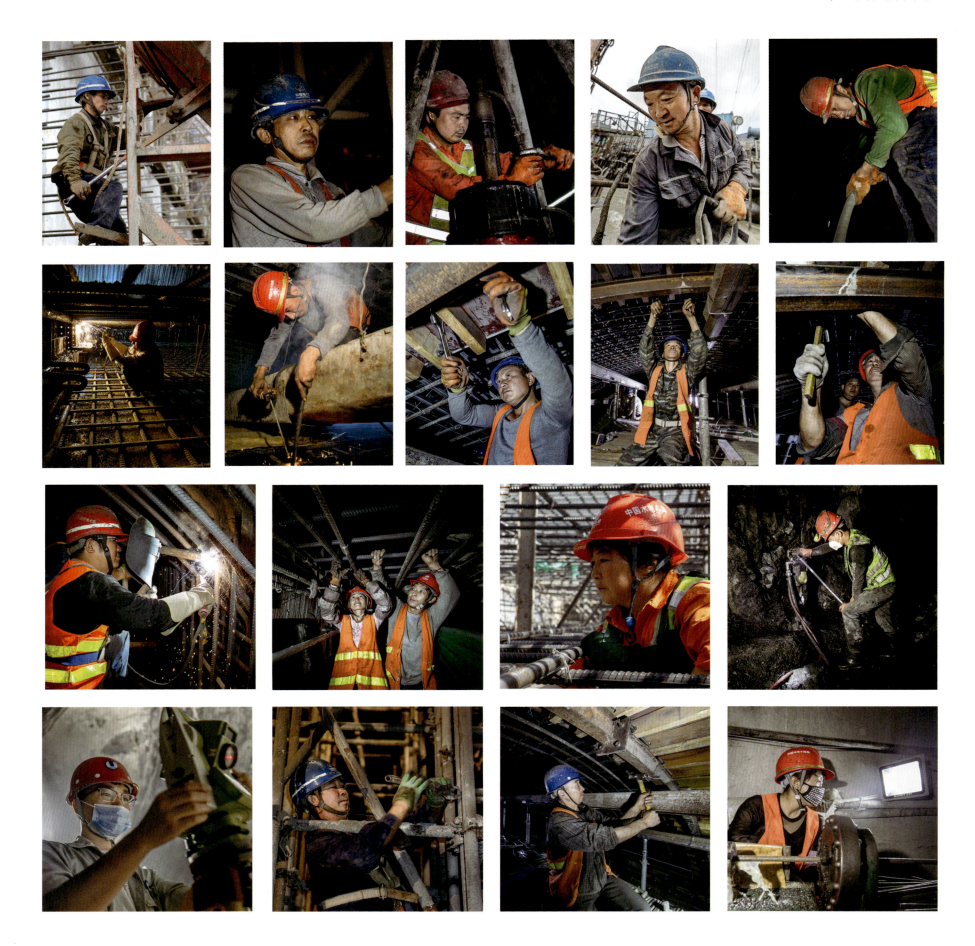

劳动者风采

劳动最光荣，劳动者最伟大！白鹤滩水电站工程的劳动建设者数以万计，他们来自祖国的四面八方，有工人，有技术人员，有建设管理者，他们热情饱满，干劲十足，乐观向上，他们用劳动汗水和聪明智慧建设了白鹤滩水电站这座世界级水电工程。这里展示了部分建设者影像，是广大建设者的缩影，我们应向所有建设者致敬！

白鹤滩工程
总　指　挥
汪 志 林

不忘初心跟党走
打造精品工程为人民

水电五局党建活动

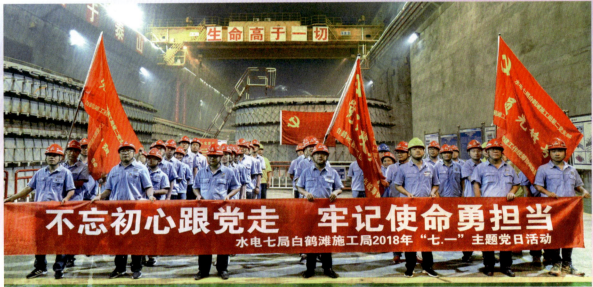

白鹤滩水电站大坝首批坝段到顶

2020年11月26日

白鹤滩工程建设管理中心

白鹤滩工程建设部

中国三峡

合影图片由白鹤滩工程建设部提供

白鹤滩水电站百万千瓦机组 8 号机组投产发电仪式

2022-01-15

水库正常蓄水位 825m

2022-11-07

2022-10-22